目錄

作者序

　　認識我的朋友，相信是從不同渠道首次接觸我的，可能是在華置私有化事件中，呼籲小股東站起來，一同抵抗巨人「歌利亞」——以低價私有化的大股東，最後成功透過「數人頭」票數不足而令華置私有化失敗的事件中認識我。

　　再數遠一點，可能是自從滙豐控股在新冠肺炎期間，藉口業務欠佳而停止穩定派息，同時卻每一季都公佈賺錢。為了對抗這種上市公司對支持其多年的小股東的不公平待遇，我早在數年前已成立大聯盟狙擊滙豐。

到最近更有其另一位大股東——平安保險，與我們站在同一陣線，要求滙豐分拆其最賺錢的亞洲業務。雖然我們只是小股東，最多只可以在一年一次的股東會上發聲，但這種勇於爭取的行動，已受到本地大型報章及國際媒體的留意，如《信報》及《彭博》等。這也許亦是你認識我的原因。

不過以上其實全非我的「本業」，我並非以股票投資及小股東維權起家，而是一個資深的物業投資者。過去 15 年，我曾參與超過 3,000 宗物業買賣，由細價樓以至大型物業亦有涉獵，亦有參與發展商收購的舊樓重建項目。

我跟所有香港的物業投資者一樣，從一個單位開始，一直累積資金作更大、更多的投資。直至現在，我個人持有及有份參與的物業投資項目資產，已達到超過 10 億港元。我個人相當得意，自創的「零首期置業法」已幫助不少朋友上車及以投資物業達到財務自由。此外，我亦創辦了頗具規模的「香港中小型業主會」。

至於我作為物業投資者所出版的這本書，卻要公佈「樓市爆煲論」。沒錯，從字面上來說，就是「玩完了」。下文會列出「樓市爆煲論」的十大原因。老實說，其實不止十大，我想想能列出的原因多達 20 個，甚至 30 個。現時香港樓市便是在這樣的一個局面。

　　說到「樓市爆煲論」，若我沒有記錯，過去有另一市場知名投資者亦曾於 2014 年底至 2015 年初提出過「樓市爆煲論」。可以注意的是，他當時集中討論的是細價樓爆煲。不過現在看來，我認為他忽略了一個重點，那就是升市由細價樓帶動向上，但樓市爆破卻是由高價樓帶動跌勢。

小知識　「細價樓」在新聞及一般物業投資文章亦時有提及，其實市場對於細價樓並無一個統一標準。在約定俗成下，一般樓價在 400 萬元以下，可造九成按揭上車的，都歸類為細價樓。

　　樓市有多個層次之分，由價格最低的唐樓，到洋樓和屋苑，當中又有分新的屋苑和舊的屋苑，層次分明。因此在樓價上升的過程當中，一定是由最低層帶動上來的。

舉例來說，若荃灣路德圍的唐樓和洋樓呎價要價 13,000 元，在荃灣中心業主眼中，如果路德圍的唐樓和洋樓呎價也值 13,000 元，那荃灣中心呎價至少可以叫 16,000 元至 19,000 元。

　　另一邊廂萬景峯業主看到荃灣中心呎價達 17,000 元，那他的出價也至少定於呎價 19,000 元至 20,000 元。再推展下去，海之戀二期「愛炫美」業主看見萬景峯呎價 19,000 元，那他的出價就會定於呎價 23,500 元了。

———————————————

　　由此可見，樓價是由樓市下層的細價樓開始挾升。相反，樓價下跌的時候，即是樓市爆煲，卻往往不是由細價樓開始爆煲的。因為細價樓其實是人數最多，最容易上車的一群。

　　在樓市爆煲的情況下，樓價下跌是由樓市的上層延續下來的。當過往 4,000 萬元的物業，可以用 3,000 萬元的價格買入，那 3,000 萬元的的物業就有人可以 2,000 萬元的價格買入。

　　在這個情況下，原本計劃買入樓價 1,500 萬元物業的準買家就會心想：我還是先不買 1,500 萬元樓價的物業了，何不等樓價 2,000 萬元的物業跌至 1,500 萬元才買？另一邊廂，原本打算買入樓價 1,000 萬元的物業的買家則會等待樓價 1,500 萬元的物業跌至 1,000 萬元，如此形成一個下跌的循環。

知道樓市爆煲的過程後，相信你已經明白，到最底層的物業價格亦開始下跌，那時候樓市爆煲已經到達「水尾」。今時今日的香港，存在最後「水尾」的原因則是啟德地。

　　若你有留意房地產新聞，就會知道啟德地的發展商全部「麵粉價」，即買入起樓最基本的原料——土地的建築面積均價，每呎已經高達 17,000 元。由於發展商不是善堂，不會做蝕本生意。若樓宇建成後每呎樓價不到 30,000 元以上，其實已經要「倒貼」。

　　現時這一批呎價高達 30,000 元以上的物業，就是仍撐著樓市最後一根稻草。待這一批「水尾」也沽出，我膽敢斷言，樓市將會開始無後顧之憂地下跌。因為在這之後，所有物業儲備的地價都是較便宜的。

　　事實上，在我執筆本書之時，啟德最新「收飛」的樓盤 MIAMI QUAY 開價時呎價已跌至 22,500 元。發展商在四年前以超過 83 億元投地，雖然位處跑道區而每呎地價較低，但每呎地價仍高達 14,502 元。是次發展商以「齊心開動價」為名，「跳樓價」為實推售，可是市場反應仍似乎欠佳。

在本書出版期間，在該區有多個新盤仍待推售，相信亦凶多吉少。先別說 MIAMI QUAY 仍有第二期，啟德跑道區的物業已多達逾 10 個，呎價越跌越有相信已是可預見的結果。

──────────────────────────

　　當然，樓價下跌只是一個結果，原因可以說是千絲萬縷。以下會列出十大引致樓市爆煲的最重要原因，部分問題長久以來已經存在，根深蒂固，另外部分問題則有可能透過政策鬆綁的方式解決。

樓市爆煲原因

1

2047 年大限將至　最壞情況補一半地價

　　樓市爆煲不止一個原因，是由多個不同維度和不同規模的原因重疊而成。我在書中分享的第一個原因，亦是我認為最重要的一個原因，偏偏最少人考慮到：地契。

未必有很多人知道，地契大限在 2047 年，理論上所有界限街以南的樓都需要補地價。這裡牽涉若干歷史問題，其實香港所有的土地都不是「永久地」，地契期限最多亦只是 999 年而已，相當於千年地契。其餘一些是 75 年，另有一些是 99 年。界限街以南的物業多數是 75 年地契，換句話說，未重新換新地契的樓宇，多數會在 2047 年到期。

　　假如地契到期，大部分業主的合理期望是以差餉租值 3 厘作為地租，續租下去。不過這個只是業主的合理期望，自然有機會存在不合理情況。

　　若政府庫房不缺錢，或有機會只向業主收取 3 厘地租。若政府年年錄得財政赤字，至 2047 年大缺水，業主打的如意算盤自然打不響。政府將直接向業主「攞錢」，即著業主補地價。

　　不要以為現時香港政府庫房有 3 萬億元儲備，是個天文數字，怎會缺水？若細看其中賬目，其中 1,500 億元已落在中小企貸款。經過新冠肺炎一役，當中不知有多少壞賬。

另外還有「明日大嶼」，早前公佈涉資逾 6,000 億元。雖然項目會錄得邊際利益，明日大嶼推出後政府亦將有地皮可賣。然而現實的問題是，即使政府有地皮推出，假如物業不值錢，地皮亦不會值錢到哪裡去。

小知識　在香港，土地契約年期由先前港英政府時期訂立。據地政總署資料顯示，早年本港土地契約的年期計有 75 年、99 年和 999 年三種。其後，港島及九龍市區的土地契約年期劃一為 75 年，並容許該等契約續期，惟承租人每年須根據舊有的《官契條例》繳付重新評估的地稅。

至於新界及新九龍的土地契約，年期一般為 99 年減三天，由 1898 年 7 月 1 日起計算。

補地價勢在必行　成樓市下跌元兇

　　當 2047 年來臨時，若界限街以南的土地全部都要補地價，那就出大事了！業主屆時有機會需要補 20% 至 30% 地價，視乎政府當時是否缺錢。假如政府庫房仍有點錢剩，或可以補少一點，反之則要補多一點。業主無力補地價怎辦？政府可以提供百分百擔保按揭，再不然就假「打靶」。

　　我認為這個是香港樓市爆煲的關鍵，以及最大的黑天鵝，因此位列第一，而且當中存在著不確定性。

　　之所以這樣說，是因為世上所有資產價格的穩定性源自於信心。無論是 Bitcoin、貨幣、黃金、物業，抑或股票也好，皆離不開投資者對這個資產未來價值的信心。

　　放眼現在，政府到 2047 年之前的 25 年仍未能公佈到底是否需要補地價。正因為政策如此含糊，市場上出現了「多數都不用補地價，除非要補吧」這類答案。若市場，尤其是銀行不接受這個答案，將會加快令地契問題湧現。

───────────

　　有些屋苑的地契，例如禮頓山和港灣豪庭，將於 2047、2048、2049 年到期。太古城則屬「千年地契」，年期達 999 年，因此這個問題對太古城來說影響較少。下表將會列出部分其他「千年地契」屋苑，不過若整體樓市下跌，太古城亦自然

不能獨善其身。儘管抗跌力較強，其樓價或多或少會受到影響。作為投資者，我們要想的是如何賺錢，令持有的資產增值，而不是想如何抗跌。

港島區

屋苑名稱	地契到期	屋苑名稱	地契到期
太古城	2899 年	羅便臣道 80 號	2858 年
愛都大廈	2896 年	香港仔中心	2856 年
賽西湖大廈	2892 年	聚賢居	2852 年
帝景園	2886 年	樂信臺	2844 年
曉峰閣	2884 年	嘉兆臺、嘉景臺	2843 年
殷樺花園	2860 年	碧瑤灣	2859 年

九龍區

屋苑名稱	地契到期	屋苑名稱	地契到期
紅磡灣中心	2886 年	大同新邨	2870 年

資料來源：華坊諮詢評估

地契問題作為最大的黑天鵝，大家一直未見政府作出任何承諾。退一步想，即使政府肯作出承諾，亦只是由現屆政府作出承諾，由現時至 2047 年將會轉換六屆政府。屆時六屆政府之前的承諾可能不復存在或含糊其辭了。我個人認為，主要的不確定因素仍要視乎屆時政府是否有錢。若缺錢則成為「萬稅國」，甚麼東西都徵稅，若有錢則甚麼都免稅。

地契設定大限　買樓其實只是買租賃權

發現有關問題之後，我個人不論是在香港或是外國買樓，第一個想的問題肯定是「所有權」及「租賃權」之間的問題。之前我在台灣看了一個位於台南的物業，該處有一個遊艇會，類似匡湖居。十年前台灣仍未有遊艇會這個概念，過去十年亦沒有遊艇會。

不過因台灣有著得天獨厚的生態環境，加上當地富人開始增加，遊艇會在當地亦開始興起，一間台灣公司投了一幅地想打造成台灣的匡湖居。由於我是住在匡湖居的，當然想視察一下。然而駕車到當地後，一問之下賣家才跟我說，他投的地皮是「永久地」，但出售的物業只是「租賃權」，租賃期 50 年。

———————————————

於是就問他：「50 年之後會如何？」他就跟我說：「我們只會收租而已！」我就問他，可否白紙黑字寫明到期後的租金多少，順道開價，價錢竟是大約 4,000 萬港元。

那豈不是跟香港差不多？

想當年匡湖居也是 4,000 萬元成交，當然台灣這邊的呎數比較大，匡湖居僅得 1,000 多呎，台灣則大概是 3,000 多呎。不過以我個人概念，台南的樓價對比香港應只得三分之一或者四分之一。

聽到其折合上億元台幣的開價後，雖然我沒有打算買，但還是多問了一句：「那50年租賃權，到底是買樓還是租樓？」他後來回答我，原來這是一張租契！意即是我付出約4,000萬港元，只是租用這個物業50年的使用權，第51年明顯是要收回的，然後賣家又可以再賣多一次。

賣家續跟我說：「你放心，50年後我會再讓你續租50年的，不過相關安排可能涉及3,000萬港元或者2,000萬港元，算便宜你的了！」

———————————————————

這時你需要換位思考，這個物業是否還有升值的空間？假設買入的價錢是4,000萬元，為期50年，即每年租金80萬元，相當於每月6.6萬元。50年過去，我已經交付4,000萬元，但物業並不屬於我，因為只是租回來的。而當我住了十年後覺得有點舊了，想將這個物業賣出去，但賣出的只是一份租約，變相我只可以賣一張40年的租約給別人。試問這張租約會否升值？

當然不會。

假設我以 4,000 萬元買入 50 年的租約，我要在不輸錢的情況下，賣出餘下的 40 年租約，我最少要以 4,000 萬元出售。即是這個租客於餘下 40 年，需要每年向我繳付 100 萬元的租金，我才會回本。

同一時間，物業住了十年還是會舊的。這個物業最新、最值錢的頭十年已經被我使用了，房子已經殘舊不堪了。放眼市場，到時候亦會有第二、第三、第四個台灣的匡湖居，不只得這個物業。

將視線放回香港，即使我今日以 4,000 萬元租真正的匡湖居，我多租幾個單位都不用 4,000 萬元。

透過這個概念，你就會明白，若套用在香港市場，現時全港 99.9% 的物業都是個租賃權，差別僅在於租用 75 年、99 年還是 999 年。最壞的情況是到期後，政府不續租並直接收回，屆時全香港的資產將會被「國有化」。

庫房見底機會高　補地價勢在必行

　　說到這裡，相信 2047 年是個怎樣的大限已相當清楚，存在著三個可能性：第一是「直接收回」，第二是「補地價」，第三則是「收地稅」。有可能是收取 3% 至 8% 的地稅，也有可能要補 20% 至 50% 的地價，最壞的情況則是全部收回。

　　這時候只要簡單計算一下，以香港樓價中位數 1,000 萬元計，在 2022 年至 2047 年的 25 年期間，以 1,000 萬元除 25 年，每一年為 40 萬元，以 12 個月計算即每月 3.3338 萬元。

　　若你租一層 1,000 萬元估值的單位，租金大概在 2 萬元至 2.3 萬元，較每月付出 3.3338 萬元的價格買樓便宜。業主還要代你支付 5,000 元的管理費，同時你也可以避開這個 2047 年地契到期的黑天鵝問題。

樓價 1,000 萬元物業

	買樓	租樓
每月開支	3.3338 萬元	2.3 萬元
每月管理費	5,000 元	業主支付
每季差餉	3,000 元	業主支付
2047 年大限	有機會需要補 50% 地價	業主支付

至於政府是否果真會因庫房不足而採取補地價的方式，我個人認為當政府在明日大嶼的虛耗下，觀乎政策內容，我自小有聽過香港是移山填海的，但我從來沒有聽過「買沙填海」，而購買的沙大部分來自中國。在現時立法會組成下，所有政策無一不會通過，最終明日大嶼的造價，我個人認為超支的機會相當大。以 6,000 億元超支兩成計，開支又將額外增加逾 1,000 億元，因此 3 萬多億元儲備真的不是很「見使」。

　　這裡想說遠一點，君不見深井迴旋處的「歡迎蒞臨深井」那隻燒鵝的吉祥物，或者去西貢看看「歡迎蒞臨西貢」那隻蟹。區議會於每一個地區的裝飾物，例如古董街和玉器街的裝飾，搞不好價值數千萬元，沒有實際效用之餘，轉眼可能又拆卸了，香港很多地方便是花了這些冤枉錢。

　　我常常想，為甚麼政府撥款不能用於有意義的地方，例如由政府支付癌症基金的標靶藥費呢？回到主題，在政府大灑金錢的情況下，未來情況只會更嚴重。那未來是否需要補地價？我告訴你，一定要！

　　政府連容許香港人的強積金投資買國債都可以想得出來，假設現時中國有 100 元，其實當中有超過 93 元都借出去了。資金投放在「一帶一路」，轉眼又被烏克蘭及俄羅斯

炸光。「一帶一路」一旦不成功，所有投資在「一帶一路」的資金亦不能回籠。所謂的資金，就是全中國 14 億人投放在中國的銀行裡那 93 元。

要解決相關問題，首要自然是推動出口，多收外幣。不過與此同時，「Made in Japan」貨物出口國的匯率竟然比中國低！這個時候自然需要壓抑匯率，然而一旦壓抑匯率，人民幣等值的資產就會流走至美元資產，形成惡性循環。

以上自然是說得遠了，不過在這個前提下，2047 年後補地價的可能性是極高的。將全香港的總資產合計，假設每個物業價值 1,000 萬元，全港涉及 160 萬個私人物業，即是相當於 16 萬億元。香港一個彈丸之地，持有 16 萬億元的資產，分分鐘可買起全個英國。其實全英國的物業合計，都未必有 16 萬億元，是一個很誇張的數字。

以 16 萬億元計，補 20% 地價也相當於逾 3 萬億元，相當「和味」。我相信社會上將陸續出現補地價的建議，例如 2047 年才補地價，需要補 35%；自 2042 年開始補地價，就可以補少一點；於 2027 年開始補地價，就可能是 15%。相信風向會想大家「早補早著」，屆時銀行亦將提供百分百擔保。

至 2047 年這個黑天鵝出現時，樓市跌幅將會因應所需補多少地價而下跌多少。屆時即使是太古城業主亦先不要開心，正如我在上文所述，若香港樓市下跌，太古城樓價仍是要跌的。就像過去升市時，不論是多差勁的物業，樓價亦會隨大市上升。

地契大限影響　按揭年期將縮短

除了未到來的補地價問題外，地契到期的關鍵點在於，現時大部分物業都可做到 25 年按揭。再過五年，到 2027 年，距離 2047 年只剩 20 年的時候，部分銀行將不會批出 25 年按揭，有機會只批出 19 年或 18 年的按揭。以同樣樓價計算，按揭年期縮短，每月供款金額自然會提升。

每月供款金額提升又會引申出另一個問題，就是銀行對借款人壓力測試的要求亦會提升。若借款人的收入未能通過壓力測試，銀行就不會借出按揭。

情況就如現時未補地價的居屋一樣，假如是未補地價的綠表，購買時將以 25 年減去樓齡作為供款年期。因此現時有些居屋是「無價無市」，完全沒有人買，因為僅得十多年時間供款，每月還款額相當高，買家根本供不起。

話你知：甚麼是壓力測試

　　根據金管局指引，一般而言，置業人士在申請按揭貸款時必須接受壓力測試，其供款與入息比率亦設有限制，基本上限為 50%。在壓力測試下，假設實際按揭利率上升 3 個百分點，供款與入息比率最高只能是 60%。

計算方法

物業市值	600 萬元
借貸額（假設為 80% 按揭）	480 萬元
實際利率（現時最低 P 按利率）	2.5%
供款年期	30 年
每月供款額	18,966 元
壓力測試計算（實際利率 +3 個百分點）	2.5%+3%=5.5%
加壓後每月供款額	27,254 元

　　當局對於首置人士較寬鬆，即使加 3 厘息後壓測不合格，只要供款與入息比率仍是 50%，仍可借最高 80% 或 90% 按揭，不過保費將因應風險因素作額外調整。

樓市
爆煲原因

2

存款利息升至逾 3 厘 再無人選擇投資物業

　　這個因素我常常提及，並且已經存在了好幾年。尤其是在美國加快加息的情況下，這個因素對樓市的影響力進一步提升。不過一直以來，沒有太多人發現並理會。

道理很簡單，當利率同步，借貸利息上升會帶動存款利息上升，可是當現時存款利息普遍高於 3 厘時，物業投資的回報率卻低於 3 厘。

差餉物業估價署的最新數據顯示，2022 年全香港物業的租金回報率，分 A、B、C、D 及 E 類單位，由細單位至大單位，單位越大，回報率越低。於 2022 年 6 月，香港物業租金回報率平均約為 2.4 厘，稍大的單位僅得 2.2 厘，再大一點的單位連 2 厘也沒有。

其中尚未計算費用開支，因為上述租金回報率數字只是計算租約金額乘以 12 個月再除以估價，尚未計算維修費、管理費、「吉租」、佣金及雜費等等。

話你知：過往 12 個月香港物業租金回報率

2021 年

月份	物業類型				
	A 類	B 類	C 類	D 類	E 類
9 月	2.4%	2.2%	2.1%	1.9%	2.0%
10 月	2.4%	2.2%	2.1%	2.0%	2.0%
11 月	2.4%	2.2%	2.1%	2.0%	2.1%
12 月	2.4%	2.2%	2.1%	2.0%	2.1%

2022 年

月份	物業類型				
	A 類	B 類	C 類	D 類	E 類
1 月	2.4%	2.2%	2.1%	2.1%	2.0%
2 月	2.4%	2.2%	2.1%	2.1%	2.1%
3 月	2.4%	2.2%	2.1%	2.1%	2.1%
4 月	2.4%	2.2%	2.1%	2.1%	2.1%
5 月	2.4%	2.2%	2.0%	2.1%	2.0%
6 月	2.4%	2.2%	2.1%	2.1%	2.0%
7 月	2.5%	2.2%	2.1%	2.1%	2.1%
8 月	2.6%	2.3%	2.2%	2.0%	2.1%

資料來源：差餉物業估價署

資料截至 2022 年 10 月

　　七除八扣下，實際租金回報率連 2 厘至 3 厘也未必達到。除非經營的是「劏房」，則租金回報率有機會高於 3 厘。

租金回報率低下　銀行存款利息上升

另一邊廂，香港銀行亦在加息周期下開始「搶錢」：

銀行	年利率	最低存款金額
東亞銀行	8.8%	1,000 元
中信銀行（國際）	3.3%	10,000 元
星展銀行	3.3%	50,000 元
建設銀行（亞洲）	3.3%	1,000,000 元
恒生銀行	3.2%	10,000 元
交通銀行（香港）	3.2%	1,000,000 元
大眾財務	3.15%	500,000 元
富邦銀行	3.1%	1,000,000 元
花旗銀行	3.05%	無
大眾銀行	3%	500,000 元
創興銀行	3%	1,000,000 元

從上表可以看出，現時香港存款利息 3 厘已成常態。大家能否想像幾個月前，香港銀行的利率仍然介乎 1 厘至 2 厘，除了偶爾有些虛擬銀行用很誇張的高息作噱頭，普遍有 2 厘以上的存款利率，已經算很「巴閉」。

可是到筆者執筆時的 10 月，基本上若定期存款沒有 3 厘，客戶一定「執包袱」，將錢搬去其他銀行。可以看出，現時香港的現金開始變貴。在相對的情況下，資產就會變得便宜。在對現金的需求提升下，「現金為王」的年代將重新降臨。

風險回報失衡　看日元結果便可知曉

一旦資產價格下跌，同時若租金的下跌速度慢於資產下跌速度，香港的租金回報率就會提升，情況就如 2006 年至 2008 年一樣。

當時荃灣中心價值 90 萬元的物業，租金可以達到 6,000 多元，換算租金回報率達到 8 厘。那個是樓市「挾升」的年代，樓市不能不升。話說回來，我就是靠著在那個年代看準時機，從而賺得第一桶金。

不過換個角度來看，在現時周期的逆向性下，有風險的物業投資回報僅得 2 厘，同時無風險的存款回報則至少有 3 厘。在這個情況下，相信不會有投資者選擇投資於有風險的 2 厘。

舉例來說，現在你會看見所有人一窩蜂的衝去沽美元、借日圓、沽日圓和買美債，以套戥 3 厘的息差。因為借入日圓的利息成本是 0.1 厘，用來買美國十年期債券的回報已有 3.1 厘，所以進行多少套戥，就已可袋袋平安 3 厘的槓桿淨回報。

當整個市場都在進行同一個行為的時候，就等於每個人都在將日圓「踩低一格」，這亦是日圓今年越跌越殘，殘得令人不敢相信的原因。

不知大家是否知道，1997 年的時候，香港單日拆息曾經高見 500 厘。當時拆息是一件很誇張的事，1997 年金融風暴時，索羅斯攻擊聯繫匯率，當時聯繫匯率就鎖定在 7.8 的水平。一直到 2005 年及 2006 年，匯率才開始在 7.7 至 7.8 水平間游走。

因此，現在看來彷彿亙古以來已經存在的聯繫匯率，其實其歷史並非很長，現時的上落區間是 20 年之內的產物。其後考慮到中國、香港及美國之間的關係，相信港元和美元脫鈎的可能性將會提升。

拉回正題，大家只要明白這個概念就會知道，要等待借貸及存款的逆差消失，樓價才會下跌。而樓價下跌，租金回報率才會提升，從而吸引投資者。

不過現行政策等於不容許投資者撈底，形成了「有底無人撈」的情況。至於為甚麼會發生這個「有底無人撈」的情況，我會說元兇是額外印花稅（Special Stamp Duty, SSD）。

SSD 辣招下再無炒家撈底　導致樓市「陰跌」

　　政府於 2010 年底開始推出額外印花稅的措施，稅項針對的是住宅物業。在剛推出時，政府規定自 2010 年 11 月 20 日起購入住宅物業，並在 24 個月或以內轉售或轉讓，均需要繳交「額外印花稅」。購入後越早沽出者所需要徵收的稅階越高，如此類推。

　　當時規定，買入住宅物業 6 個月以內沽出，稅率為成交價的 15%；如買入住宅物業持有超過 6 個月，但在 12 個月或以內沽出，稅率為 10%；如買入住宅物業持有期超過 12 個月，但卻在 24 個月或以內沽出，稅率為 5%。

　　計算方法是用「物業交易價格或市值」乘以「稅率」來釐定。措施推出後，不少昔日加入短炒的炒家都決定不再入市，部分則表示購入物業會作中長線持有，故很短時間內「摸貨」已絕跡。

　　然而，有關措施同時令自住業主擔心沽貨後再入市時，需要受制於額外印花稅期限，而更不敢輕舉妄動沽貨，大大削弱了市場的流動性。在盤源萎縮的情況下，反而激化樓價升得更高。

政府當時不僅沒有即時修正，反而錯判形勢，誤認為市場尚有炒風。在 2012 年 10 月政策進一步加辣，將持有物業時間的要求及稅項進一步上調，「額外印花稅」期限拉長至三年，稅率也同步上升。

如買入住宅物業持有 6 個月或以內，需要繳交稅率上調至 20%；如買入住宅物業後，持有期超過 6 個月，但卻在 12 個月或以內沽出，稅率為 15%；如買入住宅物業後，持有期超過 12 個月，但在 36 個月或以內沽出，稅率為 10%，這就是沿用至今的樓市「辣招」。

就如上文的背景所說，在 SSD 未實行之前，我作為物業投資者是會撈底的，樓價一跌我便入市。因此炒家或投資者的存在，其實是令樓市止跌。

在 SSD 實行後，在額外的稅項成本下，投資者沒有撈底的理由，就沒有止跌這回事了。因為投資沒有入市的配額，即使在跌市的情況下，亦不會買第二間物業。在無人接貨的情況下，樓價就會出現「陰跌」。

物業投資回報跌至 1 厘　投資者離場

撇除以上因素，只談供求問題。若我作為一個物業投資者，要繼續投資物業，最大要求是要放寬 SSD，投資者才可以投資於第二個、第三個單位。

———————————————————

另一個因素，就是投資的物業回報率必須高於定期存款的 3 厘。在銀行定期存款已達 3 厘的情況下，租金回報率起碼要達到 5 厘，才可吸引物業投資者。因此樓價必須下跌，租金回報乘 12 個月除以 5 厘，才是吸引物業投資者入市的樓價。

過去物業投資的回報率下跌至 2 厘，而在租金不變的情況下，換算下來，樓價 100 萬元的荃灣中心便上升至今日的 400 萬元了。其實道理就是這樣簡單，像小朋友玩的搖搖板一樣。

過去的周期，這個「搖搖板」已揪到最高點。在這個情況下便是僅得 1 厘多的物業投資回報率，同時樓價升至歷史的超高位。

不要說笑，在加息周期未來臨時，仍有「盲毛」衝入場，他們抱著的是「1 厘多也是正常回報」的心態。就是這個矯枉過正的心態，認真問，這幾年衝進來入市的物業投資者，「賺條毛咩」？

所以實際情況其實很簡單，就是現時美國加息長加長有。較早前美國息率達 3 厘，執筆之時市場更預計再加一次息便會升至 4 厘，而當年物業投資回報率仍然僅得 1 厘多。

　　在這個情況下，不難理解沒有投資者會再投資於物業。沒有投資者，樓價就會下跌，原因就是這麼簡單。

樓市
爆煲原因

3

按保用家再無供樓能力 樓市上升動力消失

在講述這個原因之前，首先要解釋一下甚麼是按保。

按保即是按揭保險計劃，由政府帶頭的按揭證券公司於 1999 年 3 月推出，當時是為了協助市民在香港安居置業。根

據由香港金管局發佈的指引，銀行在敍造自住物業按揭貸款的時候，須遵守按揭成數上限的規定。而按揭保險計劃，則是為銀行提供按揭保險，使銀行可以提供高成數的按揭貸款而毋須承擔額外風險。

在按保計劃下，只要申請個案符合相關條件，例如樓價上限及貸款額上限等，銀行便可以提供高達八成按揭貸款。其後可提供按揭貸款更提升至九成，不過僅適用樓價低於450萬元的物業，目的是減輕置業人士的首期負擔。

在這個計劃下，過去樓市上升的主要原因，就是高成數按揭，而高成數按揭帶動出來的槓桿是達到十倍的。

換句話說，即是樓價450萬元以下的單位，只需要多1萬元的首期、9萬元的償還責任和25年的還款期，就能夠買貴10萬元的樓價。

早前在「林鄭 Plan」情況下更加誇張，樓價 800 萬元的物業也都可以承造九成按揭和十倍槓桿。而金管局告訴我們，所有過去 800 萬元樓價以下的物業，在「林鄭 Plan」出台後有超過三分之二新買家選擇高成數按揭。

這裡所帶出的問題就是，過去樓價上升的原因是一個人能夠供樓的負擔更多。不過仍需視乎樓宇買家的供樓能力，這便取決於壓力測試。

交稅人口減少　樓市購買能力大減

過往透過昆士蘭保險（QBE）進行的壓力測試可以毋須稅單，不過現時透過按揭證券公司則一定需要有稅單，才能做到按保。在這個情況下，稅單也要有相應的「原材料」，才能通過壓力測試。

對比上一年，香港的稅單數量已減少 30 萬份。之所以香港稅收仍然創新高，其實是基於離港清稅問題。即是說，假如你作為最後一個員工，在香港最後一個月打工，你應該先往稅局「清稅」，才可以離開。意思就是雖然報稅期未到，你先自行申報離港清稅，主要是由於這類型的人士大增。

所以其實在稅收層面下，無論是利得稅還是薪俸稅，很難斷定稅收創新高是受上文提及的 SSD、買家印花稅（Buyer Stamp Duty, BSD）或雙倍印花稅（DSD）等的影響。我們單是看發出的稅單和報稅表，已經較上一年減少了 30 萬份，意味僱主提交報稅表予稅局的數量大幅減低。

其實 30 萬份是一個很誇張的數量。全香港有 700 萬人，超過 18 歲的人口 500 萬個，但適宜打工的人少於 400 萬個，因為仍有 65 歲以上或 75 歲以上的退休人士。假設有 300 多萬個打工仔，流失了 30 萬份報稅表，亦相當於一成水平。

過去其實有大部分低於最低工資和需要交稅水平的人，因此已經有一大部分本身沒有報稅，不過今年再減少一成人毋須報稅。參考過去的實際情況，我作為一個打工仔，每年加人工幅度約 2,000 元至 3,000 元，供樓能力便會提升 1,000 多元。

在壓力測試層面，就能夠借到年薪的十倍。以 1,000 多元來說，一年就約為 2 萬元，可以多借的樓價已達到 20 萬元至 30 萬元。

換算下來，一個 600 萬元的單位若提升到 630 萬元，買家仍能負擔供款。因為其薪金有所增加，多出來的 30 萬元樓價也相對供得輕鬆。若要多供 27 萬元，分 25 年攤還，其實每個月也只要多供數百元，沒甚麼壓力。

　　說到這點，其實香港人供樓也不是說很大壓力，只是不知道為何儲錢總是很難而已。

　　拉回正題，過去樓市升幅存在於每年加人工和經濟好的情況之中，所以說經濟好會帶動樓市上升，樓價會因為買家高槓桿的追買而上升。基於上述原因，只需要付出一成首期就能置業，以自住來說一定是買樓最好。

　　這亦說到香港人的一個特點，就是若果買樓是為了自住，一定會選最好的，並會達到自己供款能力的極限。假如有兩房選擇，就必然是買兩房而不會買一房；若有能力買三房就必然買三房；即使無能力，亦至少買兩房連套廁，總之要買個最好的單位自住。

　　而關鍵點就在於，樓市是因為追買而達到良性循環。銀行亦因為新的成交價高，因此估價也進取了，這就是過去樓市存在足足 20 年升市的主要原因。

按保購買力下降　影響樓市需求

而上文提到，隨著實體經濟真正存在問題，在新冠肺炎的打擊下，若不是有「保就業」和「百分百擔保」等計劃，我可以說，香港的失業率一定會高得非常誇張。

這裡作為一個老闆，我亦想說說，第一次的「保就業」計劃是真的「幫到手」，但第二次「保就業」則未必有幫助，原因是每人獲得的金額降低了很多。

又再拉回正題，我認為若按保的供款能力下降，樓市的主要上升動力就會消失。雖然買家仍能以九成按揭「上會」，但仍要有稅單才能進行。若果連「原材料」都沒有，又如何繼續追高樓價呢？

相較其他樓市爆煲原因，這個原因其實不會導致樓市大跌。我經常說，香港接近七成的業主是已經供滿樓，有現契在手。抗跌能力最強的屋苑，例如美孚新村和又一居，這類老牌的屋苑，大部分業主皆沒有壓力需要賤價沽出單位。

反而在九龍城、將軍澳和啟德一帶的供滿樓比例則是全香港最低，因為這些地區屬於新市鎮。以將軍澳為例，可能只有三成人供滿樓，其餘七成都是未供滿樓的。

不過樓市好比孖展，供樓的主要壓力源自於失去工作，或會導致銀主盤出現。銀主盤的目標是收回本金，所以通常只會在本金價格或僅僅以上沽出。不管是低水三成還是五成，目標依然是取回本金。這個情況會導致下一個惡性循環出現，這個亦是一大重點。

　　所以說，帶動樓市上升的動力失去後，沽出的力度不變，購買的力度減少。在這個供求情況下，樓市就會下跌。

話你知：按揭保險計劃的最高按揭成數

物業價格 600 萬港元或以下：

物業價格	最高按揭成數
400 萬元或以下	80% 或 90%
400 萬元以上至 450 萬元以下	80%-90% （貸款上限為 360 萬港元）
450 萬元或以上至 600 萬元	80%（貸款上限為 480 萬港元）

物業價格 1,920 萬港元或以下：

物業價格	最高按揭成數
400 萬元以上至 1,000 萬元或以下	80% 或 90%
1,000 萬元以上至 1,125 萬元以下	80%-90% （貸款上限為 900 萬港元）
1,125 萬元或以上至 1,920 萬元	80%（貸款上限為 960 萬港元）

資料來源：按揭證券公司

樓市
爆煲原因

4

大灣區一體化　香港已非走資天堂

　　說到大灣區，不得不提政策風險。在大灣區一體化的情況下，港珠澳作為大灣區一部分，若香港通過《基本法》23條，基本上港珠澳就直接一體化了。雖然在不同政策和稅制上可能仍有一點點分別，但在法規上已經越來越接近。

小知識 「粵港澳大灣區」這個名詞首次出現，是在 2015 年 3 月中國發改委、外交部、商務部三大部門聯合發佈的文件「一帶一路」中提出的「大灣區」概念。其後在 2017 年 3 月召開的第十二屆全國人大五次會議上，首次被中國國務院總理李克強納入《政府工作報告》中。其後於 2019 年 2 月，中共中央和國務院正式公佈《粵港澳大灣區發展規劃綱要》，成為現時港人耳熟能詳的大灣區。

大灣區由香港和澳門兩個特別行政區，與廣東省廣州、深圳、珠海、佛山、惠州、東莞、中山、江門及肇慶九市組成，總面積約 5.6 萬平方公里。

香港人整天說大陸人來港買樓，推高樓市。說穿了其實香港一直以來都是中國內地的走資天堂，因為香港法規完善，資金安全，大陸人會想盡辦法把資金轉移至香港。

可是若安放太多現金在港，又會引來稅局調查，加上物業升值的概念根深蒂固，假如我是坐擁億萬，又千方百計想走資來港的大陸人，寧願買入九龍站價值 3,000 萬元的物業，隨隨便便做一成按揭，已經可以走資 2,700 萬元來港，反正稅局不會查核。九龍站標價幾千萬元的單位，便被大陸人用作錢罌一樣，買完一個又一個，用來「入錢」。

失去走資天堂地位　恢復通關亦無幫助

不過上文提到，在政策一體化的情況下，香港的法制會跟中國內地越走越近，香港只會成為中國內地的另一個省市。在這個情況下，香港已經失去了走資天堂的地位。

———————————————————

這麼一來，問題就出現了。就如零售市場一樣，現時樓市成交低迷，不少人歸咎於新冠肺炎疫情下，大陸富人無法來港買樓。不少人寄望未來中港恢復通關之後，來港買樓的大陸人回歸，樓市又會恢復暢旺。

這個想法實在相當天真！上文提到，在粵港澳大灣區出台之後，香港政策只會越來越接近中國內地。既然香港已非與眾不同的走資天堂，他日即使通關放寬，亦不會再有大陸資金衝來香港買樓。

這一來是因為上文提到的原因，另外趕客的理由還有因BSD（詳見第 39 頁），非永久性居民於本港買樓，需要額外支付 10% 稅率。

在此情況下，大陸人走資倒不如去別的歐亞地區買樓。這些地區在法規上較香港獨立，大陸人對其資產亦會較為安心。

而且通關後，大陸人不來香港買樓還不是最嚴重的問題。最嚴重的問題是，中港通關後亦意味大陸人可以來港賣樓沽貨！所以在中港通關後，樓市是升是跌，就取決於來港買樓的大陸人多，還是來港賣樓的大陸人多了。

中央隨時左右市場定價　內房終爆煲

除了中港通關後，有沒有大陸人來港買樓外，其實還有購買力的問題。經新冠肺炎一役，大陸人現在可能也沒甚麼錢，而綜合上述原因，就算他們有錢，也未必會在香港購買不動產。

過去很多中資發展商，在香港樓市仍然暢旺的時候衝來香港發展。不過在兩三年前，這些發展商在中國內地已經是「火燒後欄」。因此這些發展商會想盡辦法在香港盡快取得入伙紙，之後即使賤賣也好，也要盡快沽清單位套現。如此一來他們才有資金回籠，回去大陸救回「後欄」。

說到內地房地產市場，現時市場也有些矯枉過正。由於早年泡沫化實在發展得厲害，中央政府出台「房住不炒」及「限價令」等措施。限價令一出台，其實已經意味著大部分內房企業「玩完」。

限價令就是，今日你以 200 萬元人民幣買一個單位，買入後被限價，即是樓價不能再向上了，但向下跌則不受限。樓價只跌不升下，還有甚麼人會投資房地產？政策一出，內地樓市就等如失去所有投資者。

限價令剛推出時，市場可能也沒有特別為意。到問題像雪球般越滾越大，就會出現較早前內房集體爆煲的大事件。

小知識 房住不炒

2016 年 12 月，中央經濟工作會議提出必須堅持「房子是用來住的，不是用來炒的」定位，要求回歸住房居住屬性。同月，中共中央總書記習近平在中央財政經濟領導小組第十四次會議上指出，要準確把握住房的居住屬性。

至 2017 年 10 月，「房住不炒」定位被正式寫入中共十九大報告，作為一項長期的制度安排，貫徹落實，之後中國各地相繼推出各項房地產調控政策。

限價令

深圳國土部門於 2013 年推出「限漲令」，明確要求所有新盤的成交均價必須實現按月零增長。其後深圳市規劃國土委否認推出「限漲令」，只是近期樓價出現異動的情況下，沿用已經實行兩年的來引導房地產開發企業理性定價的調控機制。

上文提到，受政策及市場情況影響，內地樓價一直下跌，形成今時今日內房「爆煲」，問題到現在仍未解決。對香港人來說，最大的影響相信只是內房股價一沉百踩。

其實一個公開的事實是，內地的物業一向都是供過於求的。內地有 14 億人，假設平均三個人為一個家庭，即是有大概 2 至 3 萬億個家庭。不過有投資內房的朋友相信都知道，大陸的物業肯定多於一萬億個。

計及所有市鎮和鄉下，內地實在有相當多地皮和樓宇。發展商很多時候會打造出一個鬼城，就是把樓宇建成之後，根本就沒有打算賣出。

之所以會這樣，是因為他們只想取得地價貸款及建築貸款。發展商與銀行之間談判好後，只要發展商一投地，銀行就會幫忙重新估值。假設地皮是以 10 億元人民幣投回來，第一年後銀行幫忙估價 15 億元人民幣，發展商貸款 11 億元。基本上，內地發展商一直在玩這樣的一個遊戲。

———————————◆———————————

在發展商投地並建造的過程中，建築貸款百分之一百是貸款借來的。建成之後，很多物業並不會出售。因為到了這個節骨眼，發展商已經失去了賣貨的動力。賣貨後的收入只是用於還債，並非直接由發展商「袋錢」，部分發展商甚至會任由項目爛尾。

不知道大家是否還記得一個叫華融的集團？這個集團有在香港上市，它最大的問題就是借出了太多此類型資金。華融的老大最終被「打靶」，因為在貪污風氣盛行的情況下，他實在貪得太多錢了。

小知識 中國華融資產管理的前黨委書記、董事長賴小民於 2021 年初因犯受賄、貪污及重婚等罪，被中國法院判處死刑，被稱為中國第一大金融腐敗案。

其中最令人嘩然的是，賴小民藏匿贓款的房屋放置有多個保險櫃，內裡存放有多達 2 億元人民幣的現金。

不問價高追投資者消失　樓價開始向下

總而言之，在大灣區政策下，隨著香港與中國內地的政策接軌，我相信香港房地產將不再是大陸的避風塘。一旦失去了這個光環，就會少了很多「盲毛」闔起眼睛衝來香港買樓。

即使我今日去到希臘，我肯定身在希臘的中國人會繼續不問價地大手買入當地的物業，也不會選擇香港的樓宇。因為在希臘買入一層 25 萬歐元的物業，這個大陸人已經可以取得永久性居民身分證。雖然並非等同入籍，但這個「黃金簽證」就具有價值。因為持有身分證，就可以在當地開戶口。既可以在當地居住和旅遊，同時持有永久性居民的資格。

這一切都視乎資金出走的機會成本。大陸人來香港買樓後，還有機會要被鎖定三年不能沽貨，不然就要支付額外SSD，他們持貨期間只能眼睜睜看著樓價下跌。

當這些過往「不問價」高追的人不再在香港買樓，銀行估價亦不能再向上估，樓價就自然有壓力向下走。

樓市
爆煲原因

5

加按息令供樓貴過租樓 樓市再無剛性需求

　　美國開始加息以來，香港市場一直在估算甚麼時候香港銀行也會跟隨加息。結果香港銀行首先加按揭利息，從同業拆息（H）所加以及最優惠利率（P）所減的息差動手，最終上調實際按息。

直到 9 月，一直宣稱因銀行體系結餘仍有很多而不跟美國加息的銀行，亦終於上調最優惠利率 0.125 厘。如此一來，不管是在做 H 按還是 P 按，每月按揭供款利息都有所增加。

　　P 按加息是由於其用作決定按息基準的最優惠利率上升，不難理解。至於為何 H 按用家實際上加是加按息？這是因為作為 H 按按息基準的同業拆息其實更早就升得更高，不過由於 H 按實際息率會以 P 按減息差作封頂，封頂提升，實際按息亦自然增加。

　　本書執筆之時為 10 月初，下一次美國議息是在一個月後的 11 月初，到時香港可能又再加最優惠利率也說不定。

話你知：加按息對供樓金額影響

加息前：按息 2.5 厘

樓價	6,000,000 元
借入按揭金額（九成按揭）	5,400,000 元
每月供款	22,403 元

加息一次 0.125 厘：按息 2.625 厘

每月供款	22,774 元
每月供樓負擔增加	371 元
每年供樓負擔增加	4,452 元

再加息一次 0.125 厘：按息 2.75 厘

每月供款	23,147 元
每月供樓負擔增加	744 元
每年供樓負擔增加	8,928 元
以申請按保敍造九成按揭，分 30 年期供款計算	

在上文「樓市爆煲原因 1：2047 年大限將至，最壞情況補一半地價」中我已經提過，供樓的負擔其實較租樓為高（詳情請見第 12 頁）。若正常承造六成按揭，結果無一倖免，一定是供貴過租。要打和，可能按揭成數要到五成以下。如此一來，出租的金額或可覆蓋四成或五成的按揭供款。

不止現在，其實這將會是往後十年香港樓市的情況。上述數字甚至仍未計入管理費、差餉和雜費開支。在這個情況下，香港樓市根本不會再存在剛性需求。

剛性需求其實是內地用語，供應和需求的道理很簡單，大家都懂得。在供應多而需求少的時候，價格會下降，令需求增加，從而取得平衡；反之，在供應少而需求多的時候，價格會上升，令需求減少；而剛性需求則是無視這個原則，基於外力原因，不會受到價格變動影響的需求，就叫作剛性需求。

剛性需求多見於談樓市的時候，最常見的例子是，假設我明年奉子成婚，還要是雙胞胎，加上婆媳之間又不和，如果不搬出去住就肯定會家變。

很多樓市專家會將這些定義為樓市的剛性需求，那些真的是「磚家」！試想想，即使我有十足的因素需要一個居住空間，但眼見樓價節節下跌，買樓後肯定會變成負資產。加上計數過後，發現上文所提到的供貴過租，那我寧願租樓都不買樓。

樓市不存在剛性需求　租樓好過買樓

事實擺在眼前，樓市中的剛性需求是虛構出來的。真正能反映剛性需求的是租金，樓價並不會受惠於剛性需求的支持。簡單一句就是，如果有一個水晶球告訴世人，明年香港樓價一定較現時低，我膽敢說一句，所有買樓的需求都會馬上消失！

這亦是香港一個很奇怪的現象，買樓彷彿是所有香港人的共同目標，每個人亦視買樓為一定要做的事。要努力讀書，找份好工作，有一定收入，目的就是買樓。在這個氣氛下，就連沒有積蓄，剛剛畢業的大學生都說要買樓，這個情況很不合理。

這是一個相當奇怪的概念，社會上的氣氛已經是將有沒有買樓用以決定一個人的成敗得失，彷彿沒有持有物業就等於是社會上的失敗者，我覺得這樣很可笑。

其實買到樓也不代表會好，買樓後不是更糟糕嗎？一來怕失業，二來供樓的壓力一定大過租樓。租樓的好處是可以靈活變通，即使負擔不了，也可以選租差一點的地方。相反，若收入增加，則可以租好一點的地方。

買樓要承受高成數按揭保險的保費影響，未做過或許不知道，保費非常昂貴。承造八、九成按揭等於多借樓價兩至

三成的金額，但就需要付出樓價近一成的手續費，去借這額外的兩、三成，可以說是「九出十一歸」的遊戲。

撇除按保保費開支，若買樓後三年後便賣樓，換算起來，這個保費就貴得離譜。當然，以持貨 25 年計，保費則相對便宜。

總而言之，樓市並沒有剛性需求。所有說樓市存在剛性需求，因此樓價不會下跌的專家，你千萬不要相信。說到底，只要「供貴過租」的情況存在，所有人都不會選擇買樓供樓。在無買入需求的情況下，賣樓的業主數量不變，樓價就要跌。

話你知：按保保費有幾高？

樓價	6,000,000 元
按揭成數	90%
按揭種類	H 按
供樓年期	30 年
一次付清	
一次付清按保保費開支	234,900 元
每年支付	
首年按保保費	109,620 元
期後每年按保保費	41,580 元

資料來源：按揭證券公司

樓市
爆煲原因

6

同樣價錢住一千呎定五千呎？
移民因素令需求大減

　　說到移民，相信大家都不會陌生，移民的親朋好友「梗有一個喺左近」。談及移民地點選擇，多數都是英國、台灣

和歐洲等地。而我相信，移民於未來一兩年仍然會是重要話題。

先不說已移民的人會否回流，因為事實上大部分人都是打算移民不移居。即是移民後取得身分證，之後就會回來香港。

背後的原因相當簡單，就是如果一個人連在香港生活都難賺錢，我不建議你去其他國家賺錢，因為香港已經是最容易賺錢的地方。老實說，如果一個人連在香港都生存不了，賺不了錢，為甚麼會認為去其他地方還有競爭力呢？

所以說到移民，其實是香港有錢人的玩意。我們先不談沒有資產、裸辭移民那一批，因為他們在香港本身已經沒有資產，我聽過有人身上只得 20 萬元，還要私人貸款衝去英國。

這些人在外國生存不到，就自然會回流。因此，他們並不是我在書中提到足以影響樓市的因素。本書談及的，只是因為移民而賣樓的那批人。他們到英國生活六年，取得身分證後會否回流，已經算是後話。

　　拉遠一點，移民取得身分證後會否回流的主要原因，我認為取決於是否有小朋友。如果是我，我會希望小朋友不用接受填鴨式教育。因此無論如何，我都會送小朋友去外國讀書。

　　以去英國六年計，如果能趕及於大學一年級前成為永久性居民，連入讀大學也可以不用交學費。如果家庭裡有一個或兩個小朋友的，原本在香港生活計，將所有小朋友送到英國讀書，計算下來都需要 400 萬元至 500 萬元。那倒不如現在舉家移民去英國，這樣一來就節省了這筆開支，還可以為小朋友提供選擇。

　　以我父親為例，當年他在大陸選擇偷渡來香港，隨後在香港生下我，那我就是香港人了。假如當年他選擇不偷渡來香港，那今天我就是大陸人了。

———————————————

　　上述提到的關鍵就在於，正因為我父親當初選擇來香港，我今日才可以選擇在香港或大陸生活。如果他沒有選擇來香港，那我就只能在大陸生活。

事實上在八十年代之前，大部分人都是偷渡來香港的，擁有丁權的原居民並不多。香港有九成都是外來人口，你問一問你身邊的男性朋友，問他們有沒有丁權？有丁權的就是原居民。在香港，八至九成都不是原居民。

小知識

新界小型屋宇政策，俗稱「丁屋政策」，是香港新界原居民的男性後人獲准在私人土地興建的房屋，為香港殖民地時期沿用至今的一項政策。傳統以來，新界居民均於村落內或鄰近的私人農地或荒地之上興建房屋居住。

至 1970 年代政府計劃發展新界，為了得到新界原居民的支持，當時的香港政府於 1972 年 12 月實施的「小型屋宇政策」，規定年滿 18 歲，父系源自 1890 年代新界認可鄉村居民的男性香港原居民，每人一生可申請一次於認可範圍內建造一座最高三層，每層面積不超過 700 平方呎的丁屋，毋須向政府補地價。

太古城價錢　英國可買莊園

上文提到的選擇論，相信很多人都明白，因此很多有樓一族最近已紛紛移民。在移民的因素帶動下，樓價會跌是必然，因為移民人士都是先賣樓，才有本金去外國買樓再住上六年。

不論是為了小朋友也好，作出資產調配也好，持有英國樓就等於持有英鎊。至於到底持有港幣較穩陣，還是持有英鎊較穩陣，這又是另一方面的議題。

撇除資產，單說房屋的對比。我曾到訪一個位於英國第二大城市伯明翰附近建在公路邊的莊園。這個莊園綠草如茵，有如別墅皇宮，裡面的環境也相當不錯。廚房有中島，而且還是開放式，連客廳也有數個。大家不妨猜猜這間屋價值多少港元？

這個莊園位於伯明翰南部一個名為 Rugby 的地方，裡面設有酒窖及地牢，面積非常大，有六間房。其實它不只六間房，因為所謂的「房」只計算睡房，還未計算屋內的電影院、健身房和書房，另外還有泳池和花園等等。

這麼算來，實用面積最少也有 5,000 呎左右，還是連裝修的。這就是海外物業，因為其地皮其實是零價值，當地的樓價 99.9% 都是來自建築費。因此海外賣樓其實只是取回建築費，香港的物業貴則貴在地價。雖然如此，外國樓對於建築、裝修及配對，亦相當花心機。

好了，是時候揭曉價錢。先旨聲明這個莊園並非「新樓」，是二手物業，價錢是 175 萬鎊！折合港元接近 1,700 多萬元，這個價錢在倫敦當然是買不到。如果要在倫敦市中心或附近買的話，價錢乘以五倍就差不多。不過這個莊園也並非在「山旯旮」，而是位於伯明翰的近郊地區。

最諷刺的是，同樣價錢在香港只能買到太古城的三房單位，還要是無裝修，是不是很「灰」？

由質素來看，其實真的很「灰」，簡直不想在香港做人！試想一下，要多麼辛苦才能儲到這一筆錢，卻只能買一個這麼醜的三房單位！這個就是香港人移民的原因。

明明兩者都是 1,700 萬港元，若今日你作為太古城業主，在供滿後沽出單位，在英國已經可以住在莊園。當然 1,700 萬元已經是早前樓市較興旺時的數字，新聞說有個「蕃薯」只用 3 小時，零議價就衝了進去買入單位。

當然撇除維修的問題，花園及泳池亦需要維護，這個則是另外的問題。

　　看了莊園跟太古城的對比，以這樣的性價比來看，你作為一個有能力移民的香港人，會否選擇提升居住質素和小朋友的學習環境，並獲取他們未來的選擇權？觀乎移民數字，答案自然不言而喻。

　　除了以上原因，還有在這一章開首輕輕提了一下的資產配置，簡單來說就是走資這個原因。

我曾到訪一個位於英國第二大城市伯明翰附近建在公路邊的莊園。
（圖片取自網絡）

這個莊園綠草如茵，有如別墅皇宮，裡面的環境也相當不錯。（圖片取自網絡）

同樣價錢，在香港只能買到太古城的三房單位，還要是無裝修。

樓市
爆煲原因

7

QE 完結並進入縮表時代
持有現金勝於資產

　　說到 QE，可能已經是上一代的產物了。當縮表時代來臨，錢就會比資產貴。QE 一早已經完結，這是大家都知道的事。

量化寬鬆（Quantitative Easing，簡稱 QE）為貨幣政策的一種，是在官方利率為零的情況下，央行仍繼續注資到銀行體系，以將利率維持在極低水平。操作方式主要是央行通過，在公開市場買入證券及債券等，使銀行在央行開設的結算戶口內的資金增加，為銀行體系注入新的流通性，甚至會干預外匯市場，提高貨幣供應。

提到 QE 相信大家會想到美國，但其實最先採用量化寬鬆貨幣政策的國家是日本。日本央行於 2001 年採用量化寬鬆，以應對出現的通貨緊縮，並刺激經濟增長。

至於美國，在 2008 年的金融海嘯後，美國聯邦利率已接近零，無法以傳統貨幣政策改善經濟問題。於是聯儲局透過量化寬鬆，「印銀紙」以購買長期債券，提升美國長債價格，並壓低利率，同時壓低房貸利率，以支持當地樓市。

不過，量化寬鬆導致美元大幅貶值。由於美元是世界儲備貨幣，在全球主要商品都以美元作為基準定價的基礎下，令資金流向商品市場，引發全球性通脹危機，當時亦對人民幣帶來極大的升值壓力。

QE 之後進入減少買債、加息和縮表，導致「現金為王」，這些往事就不再重述了，其實這亦是過去數年炒風如此激烈的原因。不說樓市，女士的手袋和男士的勞力士，炒風都瘋狂得不得了。不過在最近開始縮表後，所有商品都變得便宜了，反而錢變得更貴。

　　樓市也是一樣，尤其物業是不動產，它是不流動的。簡單來說，過去 QE 時代樓市升，不要相信估價，因為用估價金額是不會買到樓的。當時沒有經紀會跟你說銀行估價 700 萬元，你就可以用 700 萬元入市。

　　當時經紀都會說，銀行估價 700 萬元，但業主開價 750 萬元，而且已經有買家入了 738 萬元的支票，問你是否要追？潛台詞是，如果你不追上去，就不要阻礙我找下一個買家去追。

───────◆───────

　　那個是我相當熟悉的時代，在以前升市的年代，升要追升，跌的時候其實亦要追跌，這就是現時的情況。這個話題，我已經在不同的場合談了將近半年。今日估價 700 萬元的物業，700 萬元是沽不到的，要沽出至少要降價至 660 萬元至 670 萬元。因為有人比你更瘋，出價比你更低。

　　在這個惡性循環下，當較低的叫價成為市價，銀行就會基於那個較低的價錢估價。

樓市將迎來陰跌　填補過去 20 年升市裂口

正如上文提到，樓市是不動產，資產要大跌是很困難的，因為仍未有一個「不問價」沽貨的因素。現時的市況下，可能會聽過一至兩宗，但「不問價」沽貨的數量要很大，大到像 1997 年那樣，才會令樓市大跌。

否則在現時供滿樓的比例如此高的年代，「陰跌」的可能性較大。不過，「陰跌」才是最糟糕的跌法。假如是痛痛快快大跌，相信不少人會在低位撈貨，而「陰跌」則是沒完沒了。

尤其是自 2000 年至 2003 年開始，到現在維持約 20 年的升市周期。既然升市周期有 20 年那麼長，那跌市跌 5 年其實也不意外。就正如在升市期間，樓市升了五倍後，跌回三成也很正常吧。再加上上文所提到的眾多因素，我看不見樓市會有不跌的可能性，只是差在跌幅多少。

至於跌幅多少，就要視乎誰人沽貨夠狠。因此在 QE 時代完結的背景下，「現金為王」的年代必定到來，因此大家增加現金持有比例其實相當正確。尤其是持有美金或港元，於未來半年也是可以的。

不過在半年過後，相信會有國家開始跟隨加息。道理很簡單，其他國家不加息，所有資產就會轉移至正處於加息周期的美元資產。因此很多地方，譬如英國、歐洲和澳洲，都會陸續加息。而當其他國家一起跟隨加息，美匯指數就會下跌。

預測趨勢　Web 3.0 將成大潮流

在全世界一起加息的情況下，加息就變成不是優勢。這就好像過往的 Tesla 一樣，之前最屬害是 Tesla，但往後大家一起做電動車，Tesla 的市佔率自然會降低，股價也隨著回落。

不過這裡又要說遠一點，其實 Tesla 最賺錢的業務不是電動車，而是賣碳排放。

我認為未來有幾個板塊，大家可以花時間研究一下。第一個是續航力和運算力的板塊，是現今電動車年代的重點。第二個板塊是碳排放，而第三個板塊就是 Web 3.0，即是去中心化。這裡說的去中心化不是 Bitcoin，大家可以研究看看。

Web 3.0，即「第三代互聯網」，是由 DLT（分佈式賬本技術）支援，及基於區塊鏈的去中心化網路世界，亦是驅動元宇宙的基礎建設技術。

在 Web 3.0 世界裡，所有權及掌控權均是去中心化，即建設者和用戶都可以透過持有 NFT 等代幣，而享有特定的網路服務。其背後的概念是，讓數據本身依託於開放的數學算法與協議，不依賴於機構甚至個人。

建於 Web 3.0 的應用程式稱為 DApp（Decentralized Application），強調網路開放，而且分散地安全。

對用家而言，Web 3.0 的體驗可能和 Web 2.0 分別不大，差異在於使用者或創作者能對自己貢獻的內容保留所有權，還能獲得一定程度的回報。

在私隱方面，用戶能清楚知道這些數據的用途，並且具有決策權。

Web 3.0 現時仍未有標準定義，不過投資網站 Investopedia 指出其有一些明顯的特徵，包括去中心化（Decentralization）、去信任化與無權限化（Trustless and Permissionless）、人工智能與機器學習（Artificial Intelligence and Machine Learning）及連通性與無邊界網絡（Connectivity and Ubiquity）。

樓市爆煲原因

8

「呼吸 Plan」令業主窒息
蝕讓還債致樓市崩盤

　　「呼吸 Plan」相信大家經常聽到，都知道大概不是好東西。多數在新聞報道上，都與業主撻訂放在一起。不說不知，「呼吸 Plan」偏偏亦是樓市爆煲的元兇之一。

上文說到，SSD 限制業主在買樓後三年內不能賣樓，不然便要多付 10% 的印花稅成本。即使政府現時未鬆綁，三年大限亦有到期的一日。而這個大限一到，幾乎可以肯定，近年新做的「呼吸 Plan」全部都會沽貨，即使業主蝕錢也要沽。

為何會導致這個極端的情況？首先要知道「呼吸 Plan」是甚麼。

小知識 「呼吸 Plan」是近年發展商提供「包按」的一個籠統說法。之所以叫作「呼吸 Plan」，是由於相關按揭完全不需要經過入息審查或者任何審批，基本上只要會呼吸就能借到。為何不用審批，是因為相關按揭是由財務公司向買家借出，不涉及銀行，所以較為寬鬆。相關財務公司又與發展商有關，多是其旗下子公司。

這一批買家變相是先使用發展商二按，首三年供樓支付正常的銀行利息，到第三年或計劃所訂的年期之後，利息就會變成向「財仔」借錢的高息，大概是 6 厘息左右。

往好的方面想，若物業首三年升值，在轉至要支付高息前成功沽貨賺錢，那當然是雙贏，甚至是多贏的局面。這個玩法在 2014 年至 2017 年間相當流行，是「風險錢」。雖然有一定風險，但的確有人藉此賺到錢。

30 萬元成本賺百萬元？且看環海・東岸業主

不知道大家有沒有留意，或者是否記得，有一個叫環海・東岸的屋苑，當時的「呼吸 Plan」就帶動了 1,008 個單位，於短短三星期內全數沽出。

當時環海・東岸的「呼吸 Plan」計劃內容是樓價 95%由發展商一按加二按借出，即是買家只需要付出樓價的 5%，一個有機會拿出信用卡「碌卡」就已經可以支付的價錢，地產代理就可以幫你拿出一張本票來抽籤。

若抽籤成功，發展商就會直接借出樓價六成的一按及樓價三成半的二按。當時屋苑單位樓價平均為 300 多萬元至700 多萬元不等，樓型由開放式無海景，至一房有海景單位。

根據上文提到的如意算盤，如果這批環海‧東岸的買家可以在三年 SSD 完結後，並在按揭利息要支付財務公司高息之前，樓價又順利升值而成功賣出，那他們自然有錢賺。這個做法其實屬於相當高槓桿的投資，以樓價 5% 的首期，賺取 10% 的樓價。好運的話，這批買家，嚴格來說是投資者，有可能拿出 30 多萬元，便有機會連本帶利收到 100 萬元。

　　相信看到這裡，你也會覺得，天底下竟有如此容易且高回報的投資？沒錯，因此這一種「投資」亦吸引一批最低層次的業主，即是只會拿出 5% 首期成為業主的人。不過你從另一角度看，假如沒有「呼吸 Plan」，這批人是不能成為業主的。

　　現在回看環海‧東岸，1,000 個業主當中，有九成都是用「呼吸 Plan」的。當中有一半已成功「甩身」，另一半直至今日仍然在蝕「呼吸 Plan」後的財務公司高息，甚至是因負擔不了，致單位被發展商收回。

一人蝕讓　骨牌效應便出現

　　複雜一點分析，當 SSD 一鬆綁，同一個單位，以 17 樓 C 室及 16 樓 C 室為例。假設兩個單位呎數一樣，都是中層單位，樓價 600 萬元。若我是選擇了「建期」的買家，即是拿不到任何折扣，因此我的臨時買賣合約上就是 600 萬元，在田土廳顯示的買入價也是 600 萬元。

　　那我付出的首期就是 15% 左右，約 90 萬元。另外的 85% 我就等待上會，甚至乎可以等待做到九成的高成數按揭。樓價 600 萬元的高成數按揭可以做到九成，那一成首期便是 60 萬元。

　　至於 16 樓 C 室的單位買家，樓價同樣是 600 萬元，但他選擇「即供」。「即供」的好處是可以拿到 6% 至 10% 不等的折扣，越早「即供」折扣就越大。不過壞處就是未入伙便要供樓，同時要負擔供樓及租樓的開支。相信有體會過的人，就知道情況有多痛苦。

　　若即供那位採用「呼吸 Plan」，翻查紀錄，當時環海‧東岸的「呼吸 Plan」名稱是「開心直通車計劃」。不過這類計劃全部都有一個妖言惑眾的名稱，例如是「270 呼吸 Plan」、「輕鬆任你住 Plan」等等。這個買家會有 10% 樓價折扣，似乎所需成本低了？不過他買入的單位在田土廳上的紀錄就不會是 600 萬元，而是 540 萬元了。

好了，三年過去，SSD 鬆綁。套用以上假設，若十個業主裡面有五個是「建期」，五個是「即供」，選擇「即供」的業主在這三年同時要供樓及租樓，即使每天吃飯糰亦相信已經入不敷支。有可能還欠銀行 20 萬元至 30 萬元的卡數，而且只是在償還最低還款額。

若 100 個業主裡面，有 50 個選擇了「建期」、50 個選擇了「即供」，後者 50 個「即供」業主之中，有任何一個因為三年裡捱得很辛苦，又欠下一身屁股債的業主。同時這位欠債纍纍的業主，偏偏擁有一個資產，其價值包括他當初付出的一成首期，即 60 萬元。

在這個情況下，先別說樓價有沒有上升，即使我們只假設這個單位估價不變，仍是 600 萬元。

───────────────

這個業主無論如何，亦寧願賣樓取回 54 萬元，至少可以歸還 30 萬元的卡數，不會「死攬」著這個單位。

蝕讓或平手離場，可能很多人都不明白。俗語有云「針唔拮到肉唔知痛」，一個人負債 30 萬元的卡數，每個月單是償還利息已經是 3%，利息開支約是每月 1 萬元。何況還要一邊供樓，一邊租樓，仍未計算生活開支。

因此，這個人只要 SSD 一到期鬆綁，即使樓價沒有上升，當浪費三年光陰也好，他也一定會平手離場。可怕的

是，若不能以市價 600 萬元沽出，上面提到那 50 個生活已經有困難的業主當中，只要有隨便一個選擇取回 54 萬元，願意以 540 萬元沽貨。這個交易一旦完成，試想想後果會是甚麼？

540 萬元成交對這個業主來說雖然是「平手價」，但對於這個屋苑的同類單位，銀行估價就會參考最新的成交價，即是 540 萬元。對市場而言，這可是「蝕讓盤」！

所以只要有一個「老鼠屎」出現，這個屋苑 16 樓 C 室的座向的定價就已經不是 600 萬元，而是下跌至 540 萬元了。

當銀行估價跌至 540 萬元的同時，你還記得 17 樓 C 室那個業主嗎？因為他選擇「建期」並承造九成按揭，在樓價 600 萬元及無折扣的情況下，他付出了 60 萬元首期，並向銀行借了 540 萬元。

就是因為他樓下的那個「蕃薯」為生活所迫，令單位以 540 萬元成交，銀行估價就變成了 540 萬元。也就是說，樓上業主的 60 萬首期，就因此而化為烏有了。

這個情況難發生嗎？不難，要是你是 16 樓 C 室的業主，平手離場不僅沒有蝕錢，還有 54 萬元套現，由負債變成可以還清卡數仍有錢剩，同時還省了供一個物業的開支。現實角度看，他是「沽硬」的。

透過這個例子，人家明白實際情況後就會知道，未來將有相當多的「呼吸 Plan」業主會沽貨。

還是覺得我在誇大其詞，恐嚇大家嗎？本書執筆的數個月前，就有一宗新聞：Grand Yoho 一個業主因為移民，劈價 10% 沽出單位，持貨三年蝕 80 萬元。再看成交價 720 萬元，當初單位買入的樓價則是 800 萬元，正正是我上文所提到的論述。

只要有這樣一個成交，並順利見報，銀行就一定會下調 Grand Yoho 的估價，惡性循環便會開始。

原理是這樣的，當這個單位的估價由 800 萬元跌至 720 萬元，若其他業主要沽貨，新買家的入場費就不再是 800 萬元，而是由 720 萬元以下起跳。這就是樓價崩盤，樓市開始下跌的惡性循環。

我可以說，在這個因素影響下，樓市過去 20 年是跟紅，而未來五年將會是頂白。總之樓市一旦下行，又因為上述所提及的因素沒有炒家撈底，樓市便會一直跌下去，深不見底。

換個角度再想，過去 20 年樓市以倍數上升，若調整 20% 至 30%，其實也是正常的市場反應。

話你知:「呼吸 Plan」與銀行按揭分別

	呼吸 Plan	銀行按揭
借出機構	財務公司(多與出售物業的發展有關,如旗下子公司)	持牌銀行
審批	多數只需簡單文件,過往更不設壓力測試	必須先經過壓力測試(詳情見第 24 頁)
借貸成數	多以 80% 為上限,過往多為 90%	首置人士進行按保(詳情見第 43 頁)後有機會借 90%,不過由於審批嚴謹,較少情況下可借足 90%
利息	供款初期有優惠,首兩至三年利息接近銀行。不過低息期過往後會大幅加息,有機會較銀行高一倍	根據市場資金變化,過往數年實際按揭利率介乎 2% 至 3%,近期加息環境下已有所提升

樓市
爆煲原因

9

估值越跌越有　負資產時代再臨

　　除了「呼吸 Plan」，另一個令樓市如計時炸彈般隨時爆
煲的原因，是銀主盤數量增加。

小知識 「銀主盤」並非甚麼好樓盤的總稱，而是指由於業主放棄供樓，而被銀行沒收的物業。業主放棄供樓有不同原因，有機會是經濟環境轉變或自身財政問題而無能力償還按揭貸款等等。亦有部分是如上文所述，借取高成數按揭後無法供款，放棄供樓。其他原因還包括業主因物業「資不抵債」，同時樓價持續下跌，認為繼續供樓不划算，繼而決定放棄供樓。

當業主不再供樓，銀行的做法是向法院申請收樓，並把物業委託拍賣行或代理招標、拍賣或沽售。若是因為「資不抵債」放棄供樓而出現「銀主盤」，很多時「負資產」也會跟「銀主盤」扯上關係。不過只要業主繼續承擔供樓責任，銀行是不會因為物業變成「負資產」而向業主追收差額。業主並不會因此被迫斷供，令物業淪為「銀主盤」。

首先要解釋一下銀主盤當中的資金走向：財務公司的資金來源是來自物業，因此「銀主」就是「財仔」的老闆。過去持有很多物業，當「債仔」未能償債時，相關物業就會被「打靶」。

　　在經濟正常的情況下，物業被「打靶」後，估值仍會上升。因此那些「財仔」的老闆就可將物業進行轉按及加按，並成為他作為「銀主」的本金，繼續借錢予其他人。

　　當「銀主」放債時，由於這些資金來自他人，因此其實不只是二按，甚至會進行三按、四按，甚至五按。這個情況我們稱為「空中釘」，甚至毋須將相關資料上載至田土廳，因此利息相當高。

　　原因是物業做到三按後，即使上載至田土廳亦已經沒有意思。在「借爆」的情況下，他也是最後一個收錢的。因為通常是一按先收錢，二按收錢時有機會已達 75% 至 80%。再加上銀主盤價值下跌兩成是常理，到三按收錢時可以說是不會有剩餘價值，四按就已經與無抵押貸款無異。

　　上網看看銀主盤拍賣，以其中一間忠誠拍賣行為例，已經可以看見每個月有逾百間「財仔」的「貨源」。還有另外的拍賣行，如環亞拍賣行等等。這裡又想說一下，其實拍賣

行最大的客戶就是「財仔」，「財仔」收樓回來以後，並非打算用來投資，而是用來賺取利息的。怎料一不小心，借得太盡，「債仔」未能償債時，「財仔」就把物業接手。而在取得物業的過程中，又涉及一些法律程序。法律程序有可能已需要耗時九個月，意味著這些資金有九個月無法收取利息。

這個時候，「財仔」只是想取回本金。舉例，假如一個物業估價 800 萬元，「債仔」欠債 630 萬元或 720 萬元，那「財仔」就會想，如果以 800 萬元沽出物業，要將 80 萬元的剩餘價值分予「債仔」，那倒不如賣 721 萬元就算了，豈不是更容易脫手？

另舉一個例子，假如物業估價達 800 萬元，貸款金額合共 680 萬元，當中銀行一按大約 500 萬元，另外 180 萬元由「財仔」借出，這個銀主盤其實僅以 681 萬元賣出就可以「回本」，連同雜費、拍賣費、行政費、律師費和估價費等，賣 722 萬元就算了，即使最初估價達 800 萬元也好。

———————————

說了這麼多，我想表達的是銀主的唯一目的就是要取回本金，因此銀主盤必然是劈價出售的。當銀主成交量增加的時候，銀行就會將其作為參考。物業估值就會開始向下。情況就如上文提到一樣，樓價越跌越有的惡性循環就會出現。

上文有提到樓市的跟紅頂白，其實樓市跟紅頂白的不單是炒家和投資者，銀行才是最重要的來源。

銀行在樓市上升時不問價地提升估價，是導致樓價向上的最大元兇。正因為銀行提高估價，買家才可以槓桿按揭以取得更多資金投資物業。相反而言，當樓價向下時，銀行也是第一個跟紅頂白縮減估價、縮減按揭成數、保守借貸和嚴謹審批，這個時候就不是「阿豬阿狗」皆有能力置業了。

估值作為成交價的基礎及參考，當銀行估值一直向下，樓價便會一直向下。綜合上文所提到的原因，不問價和為保成本而低價沽貨的銀主盤大量湧現，配合銀行估價因此而下降，就是樓市爆煲的元兇。

———————————

事實上，由「銀主」丟出來的物業有個過癮之處。當銀主盤被大量丟出來，就會形成惡性循環。試想想，當銀主盤增加，二按及三按的皆「蝕住」套現，導致樓市估值下行，負資產數量增加。上文提到，負資產亦是其中一個令業主無力供款，其物業被收回變成銀主盤的原因，所以就會導致有更多銀主盤出現。

而這個循環下來，就是未來香港供樓能力較弱的地區會發生的問題，例如是將軍澳。現在失業率這麼高，若業主沒有工作，憑甚麼可以負擔高成數供款？

假設一個人過往月薪 50,000 元，供樓佔約 25,000 元，另加差餉、管理和雜費等開支，每月供款已達到 29,000 萬元。扣除相關開支後僅剩 21,000 萬元，即使不吃飯也有其他使費。

這裡岔開一點來說，在過往一段時間，香港平均物業按揭成數不超過五成，因為這個數字計及香港所有物業。例如有些人在供樓價 5 億元的超級豪宅，這些物業的按揭成數可能僅得一至兩成，樓價數千萬元的物業則可能介乎兩至三成。

這批人的供樓壓力一定較低，單單是將物業出租已經足夠供樓。因為正常來說，豪宅按揭成數僅三至四成，出租的收入是一定足夠供樓的。

對比起來，部分購買樓價 800 萬元物業的業主所借的按揭成數較高，介乎七至八成。這些業主的供款比例相對就很高了，有機會超過其每月入息的六至七成。他們在「不問價」賤賣的銀主盤湧現的時代，就無故變成了負資產。

所謂「負資產」，意思就是「資不抵債」，資產的債值較負債為低。在樓價下跌時，若物業最新估值跌穿尚欠銀行貸款額，就是所謂的「負資產」。

舉例，有業主以樓價 700 萬元買入物業，向銀行承造六成按揭貸款，即首期 280 萬元及其餘 420 萬元向銀行借貸上會。在樓市下跌時，若相關物業最新估值跌至 400 萬元，單位的價值已跌穿尚欠銀行的 420 萬元按揭貸款，這就是「資不抵債」。

香港人對負資產這三個字相信不會太陌生，但現時連在中國大陸都存在著極大的負資產人口。雖然他們並非還不起錢，但因為沒有破產的保護，所有大陸的「債仔」只能成為「老賴」。債即使還一輩子還是得還，否則一輩子都是「老賴」。「老賴」也不是沒有後果，買機票和移民也會有困難。

想當初在 2003 年，香港曾出現多達 10 萬個銀主盤，但因為香港有破產機制，所以這些業主四年之後又是一條好漢。

樓市
爆煲原因

10

樓市沒有莊家　無人接貨致價值沉底

　　來到最後一個原因，可以說是最不直接導致樓市爆煲的原因，也可以是最根本原因。就是樓市不像股市，是沒有莊家的。

不知道大家是否明白當中關係，因為股票市場有莊家，因此不管股價跌得多低，指數及個股跌得有多殘，總會有個莊家負責維穩。莊家會認為這個價值是「抵買」的，他就會買入，反正他無論如何都要持有相關股份。

　　至於樓市為何沒有莊家？全香港有 168 萬個私人單位，其中有 165 萬人擁有一個單位，另外 36 人是擁有過百個單位。

　　情況的確很誇張，不過他們大部分都是發展商。全香港 168 萬個私人單位，這裡計及了差餉物業估價署所有的私人住宅單位，連同房屋署的所有居屋和已出售公屋等，全香港沒有一個發展商，甚至所有發展商合計，都沒有一個持有當中的 1%，即 16,000 個單位。這意味著全港 99% 的單位都由散戶持有，市場沒有莊家。

在股票市場裡，即使是最低限度持股 29.9%，都可以稱之為莊家，其餘七成就是散戶。如果我是莊家，自然也想股價穩定，因為我不想自己持有股票變得不值錢。

那在樓市的世界裡，發展商是莊家嗎？不是，亦不會。在發展商心目中，他們只重視貨如輪轉。像啟德那樣，地價貴導致樓價貴的，發展商便「貴來貴去」。像 2003 年「沙士」時樓市爆煲，發展商大不了便「平來平去」。

事實上，發展商並不關心樓價高低，他們只關心有沒有人買新樓。如果有買新樓的需要，發展商就建些「麵包」出來。如果那段時間「麵粉」，即土地成本便宜的話，「麵包」就賣得便宜點。

過去 20 年因為「麵粉」貴，「麵包」自然貴，並不是因為發展商希望樓價高，所以賣樓賣貴一些，他們最重視的只有成交。當然「貴來貴去」的話，發展商獲利一定大於「平來平去」。不過只要有來有去，發展商其實就心滿意足了。

———————●———————

剛才說到全香港有超過 160 萬個單位，所有發展商加起來持有的單位連 16,000 個都不到，即是佔比連 1% 都沒有。發展商不是樓市莊家，樓市也沒有莊家。

沒有莊家的市場，就好比你買入了「劏場」，即使價值大跌 90%，都沒有人會撈底。而唯一想撈底的，又受限於

SSD、BSD 等辣招，令其撈底意欲大減。因此在樓市沒有莊家的情況下，最後不會有一個「接貨」的人，那就自然沒有業主希望「沽唔出」或「租唔出」單位。

不想，怎麼辦？那就只有減價或減租。假設市場上有十個供應，但只得九個需求，那剩下一個單位就會空出，租金收入為零。各業主為了避免自己成為那一個零，就會像玩「大風吹」一樣，不斷減價，不想成為剩下的一個。

在這個大環境下，業主為了成功租出單位而減租。市場上整體租金回報向下，樓價又會下跌，這樣又形成了一個惡性循環。

———————————————

這裡想跟大家講解一下，我們經常提到的租金回報率，其實是如何計算的？每 100 元的租值，假設回報率為 3.3 厘，即是衍生的市值相當於 3.6 萬元。這時候只要拿出計數機：3.6 萬元乘以 3.3 厘，再除以 12 個月，就等於 100 元。

試想想，租金回報假設為 3.3 厘，租金每跌 100 元，就相當於不見了 3.6 萬元，那每跌 1,000 元就相當於跌了 36 萬元。36 萬元對比樓價 600 萬元來說，已等於是 6% 了。

如此換算，若樓價 600 萬元的單位不能以 15,000 元租出，只可以 14,000 元租出，那這個物業的價值就要下跌 36 萬元了。

在這個下跌過程中，假如沒有莊家托市，唯一會托市的就只有租金回報率最低的產業，即是荃灣路德圍的唐樓和洋樓。只有當這些物業的租金回報率上升至高於港元定期存款，利率即是我在上文所說的 3 厘以上水平。若達到 5 厘，我才會重新投資物業。

回到正題，正因為香港樓市沒有莊家，不似股市。股市假如處低位時，莊家認為價格太低，就會回購或增持，向散戶釋出訊號，指現時是低位了，之後便會上升。

這時候，散戶會因為莊家的訊號，選擇衝回場內。需求上升，自然可以支持價格。不過由於樓市沒有莊家，當市場下跌就只會一直向下跌。

我認為這個惡性循環將會於未來兩、三年開始。由於看不見如「沙士」般令樓市大跌的因素，我認為樓市會「陰跌」，加上沒有上升的原因，我可以斷言樓市上升的可能性是零。

未來一年、兩年、三年，甚至五年，樓市仍然是下行的機會較高，遠遠高於上升的可能性。

結語：現時應否買樓？

　　一口氣數出十個令樓市爆煲的因素後，我現在可以告訴大家：如果現時你仍未置業的，先不要買樓。不要入市，千萬不要買。

　　這是機會成本的問題。想想看，一旦決定置業，你要看未來 37 個月，而事實上我們沒可能看到 37 個月後香港的實際情況。同樣情況，三年前我也預計不到，這三年間香港樓市竟然如此欣欣向榮。

既然未來 37 個月的情況你看不清，那單是「不確定性」四個字，已足以令你停下來。

　　投資，我是要看到未來預測。我決定買樓，就是代表對城市未來發展的向好因素的肯定。不過在這一刻，香港這個城市在過去 20 年是零發展。無論是新經濟體系或是創科也好，都是零發展。

　　為何 20 年前，我們是第一個有八達通的城市，是全世界第一個擁有電子貨幣的城市，但 20 年後的今日，我們仍然在用八達通？

────────────

　　說到這點，大家就知道這個城市並無任何生產。過去 20 年在這城市發生的只有兩件事：轉售和拆售。取得地皮後，拿來建築和拆售；工廈拿回來後拆售；做貿易的，也是買回來再轉售。香港沒有製造業，在香港進行的所謂製造，也只是拆售和轉售。

　　大家有沒有想過，這 20 年來所有人全部投身容易賺錢的「Easy-mode」行業，那就是地產板塊。

當地產板塊賺到錢，所有人不管是學習還是發展，都會傾向這個板塊。要不然就是讀金融、建築、測量、管理，或者是酒店、城市規劃和精算，只因為這些行業賺到錢。

在這段時間，沒有新增經濟體走出來，導致香港淪落到「窮得只剩下錢」，這是相當可悲的。

當然這件事不應該由我口中說出來，因為八十年代的人口紅利應該是最強的。當年每個家庭都生三、四個小朋友，以我自己家庭為例，有四兄弟姊妹，基本上所有的人口紅利全部是 30 歲出頭至 50 歲前。這個年紀的經濟增長性是最高的，因為說到人口紅利，這個年齡層的人最具經濟價值。

———————————————

在香港人口紅利頂峰時，偏偏在這 20 年間，這個年齡層的人全部都傾向做某些行業。因為大家論成敗與否，就只是看你賺不賺到錢。就像今天我推出這本書，大家看到我的成功，只是因為我跟對了大勢，有辦法購買很多物業並沽出賺大錢。不過在個人知識上，如果脫離物業或股票這個轉售、拆售的範疇，其實我只是一個白痴。

假如要我與其他人的專業比較，我的確是一個白痴。因為我的專才就只在轉售、拆售，過去 20 年間我只是在這方面賺到錢。所以說，如果只以賺錢來決定成功與失敗，我無疑是成功的。

不過在構建新經濟體系的層面，騰訊的線上遊戲、美團發展及經營外賣平台、淘寶買賣平台等等其實都是老派的行業。它們只是被套上了新的名稱並建立在資本平台上，同時透過供求產生市值。

這些新經濟體系在行業方面並不是新事物，但想法卻是新的。最可悲的是香港對於這方面連想都沒有想過，以致在人口紅利最旺盛的時期失去了這個可能性。

———————————————

香港已經到達人口紅利完結的時期，因為現時的八十後已經開始有下一代。這些人現在「仔細老婆嫩」，同時又要供養父母。他們奮鬥的時間已經過去，失去了拼搏的精神，自然不會走出來創業。

從前的香港人，有好主意便會馬上衝去做，因為過程中無後顧之憂。反觀今日，香港人口紅利年代的那批人已達30 歲至 50 歲，並且已有家室，會拼搏的可能性已大大降低。

因此香港已經不會再出現新的經濟增長，只著眼於守得住既有的東西，比如說金融系統和法規人才，已經很足夠。當一個城市到達頂峰，就會開始有很多其他地方想要取代你，例如是新加坡。

現時新加坡當地託管的 AUM（管理資產）規模已經與香港看齊。雖然這個國家無論是在交收、轉手率或上市公司市值的總和只是香港的十分一，但你不能小看她。

　　在此消彼長的情況下，其實星港兩地的差距會越收越窄。新加坡現時仍然是相對封閉的社會，有說現在即使吐香口膠仍然是犯法的，說錯話也是會被打藤的，在法治上與國際社會仍未看齊。

———————————◆———————————

　　不過新加坡的金融體系令全世界都認為她是一個有法治的地方，所以如果某國人要走資，要不是走往新加坡，就是走往低稅階的地方如開曼，或者是開設離岸戶口。

　　香港能否在此消彼長的過程中挽回一些資金池，我仍然對此抱持很大疑問。

買樓看兩種物業　低水樓及博重建

　　說回樓市，我的建議是假如你真的想買樓，可以考慮以下兩種：第一種是現行已經「低水」的，若以股價來說，「低水」是指價值低逾兩成。買入低水樓，即使樓市再下跌兩成，最多也只是打個和，不會蝕本。假如我判斷不準，樓市沒有下跌兩成，最終只跌一成，那你反而有錢賺。

　　因此如果真的要買樓，第一種可以買的是今日估價低水兩成的物業。

　　然而這些物業估價都是過千萬元，因為低水一成的物業，犯不著在於 800 萬元以下出現。若物業今日估價 700 萬元，而我是願意以 630 萬元沽出，犯不著以低於 630 萬元的價錢將物業賣給一個陌生人，因為我可以「送」給朋友。

　　假如我朋友租樓住，每月租金 19,000 元。今日我的物業估價是 700 萬元，那就以 630 萬元送給他，但合約寫 700 萬元，並向他收取 70 萬元，寫著 2047 年的遠期期票，期票到期時我再向他追款。

　　銀行是不會干預這種交易的，因為已經付出了 10% 細訂，銀行就會批出九成的高成數按揭。只要朋友符合通過壓力測試等要求，銀行就會批出 630 萬元，為期 30 年的按揭。

在這個情況下，朋友每月按揭供款約 23,000 元。對比他以往租樓 19,000 元，只要他有能力從過往在居住上每月支付的 19,000 元增加至 23,000 元，那我就可以把物業「送」給他。在物業估值維持 700 萬元的情況下套現 630 萬元，犯不著以低於 630 萬元的價錢，將物業賣給一個陌生人。

這就是為甚麼我在上文提到，800 萬元以下的物業不會有低水樓的原因，而低水兩成的物業並不適合要做高成數按揭及自住人士買入。

那甚麼人可以買樓？就是有「原材料」，能負擔 1,500 萬元以上按揭的人。

所謂「原材料」，這裡講的就是稅單、糧單和 MPF。如果你有這些條件，就能找個估價 2,000 萬元，而成交價介乎 1,500 萬元至 1,600 萬元的單位。由於已經低水兩成，這些物業的抗跌能力較好。基本上，只要樓市在三年內不跌兩成便不會輸，這就是投資樓市需要抱持的想法。

低水樓之外的另外一種就是舊樓重建，如果了解市場，可以自行尋找地積比未用盡的項目，例如是物業地積比達九倍，但現時僅建了四至五層，而下面有港鐵或行人過路處的舊樓。

如果你打算買入相關單位自住博重建的話，市建局下一個重建地盤首選是八文樓。現時重建項目已在規劃中，是油尖旺板塊的首選。

在這個因素下，未來一段時間八文樓會出現很多新聞，例如石屎剝落和危樓等消息，因為這些都是支持市建局可以向財委會獲得撥款重建的證據。

市建局的收樓定價是有策略的，需要看齊同區七年樓齡。而八文樓的同區七年樓齡就是九龍站上蓋，即是呎價約 30,000 元的物業，因此八文樓未來的收購價將會貼近 30,000元。未來市建局向八文樓的收購價將會是每呎 26,000 元至 28,000 元，而現時八文樓的二手樓價約為每呎 12,000 元至 13,000 元左右，視乎樓層高低及是否有「劏」，值博率相當高。

現時你可以選擇買入這種物業，但問題是購買「博重建」的單位必須搬進去居住，才能賺取百分百的收購價。假如用作出租或空置，就只能賺到七成左右。因為無法取得百分百的自置居所安置津貼，只可以取得當中五成。

計算下來，假如在單位居住的業主可收取 100 元，出租或空置單位僅可收到 70 元。以呎價 13,000 元買入單位計，假設拍板重建，並以呎價 26,000 元售予市建局，就會少了三個 2,600 元，揢指一算即是少了約 8,000 元。別人每呎可以收取 26,000 元，而你每呎則只收到 18,000 元。

　　雖然以呎價 13,000 元買入，以 18,000 元賣出也算合理，但相對值博率就不高了。

　　現時來看，買入及收樓價差最大應該已是八文樓。另一方面，梅芳街也有機會重建，但即使今日衝進去購買，每呎也叫價 20,000 元。重建的話，同區七年樓齡的呎價也只是 23,000 元，可以賺取的價差並不大。

　　因此八文樓是現時市建局舊樓重建值博率差價最大的目標。你會否覺得這個資訊相當值錢？但對於我來說，倒是一文不值。因為我已經持有物業，不能再買八文樓了。

業主不應繼續「坐貨」　沽貨另覓大升浪

以上是我對現時買樓的意見。我仍然是要說，不要再期望香港樓市會「乾升」，或是有任何升市的幻想，這是很現實的一件事。

好了，假如你有持有物業，該怎樣做？

———————————————

首先要分辨你現時持有的是甚麼類型的物業。如果你持有價值 700 萬元的物業，尚欠銀行 600 萬元，即是約兩年前以高成數按揭買入，當時借了 630 萬元，兩年後尚欠 600 萬元，那你就沒有機會成本了。

如果你是出租物業的話，就盡快完結租約後沽出吧！因為高成數按揭是不能出租的。如果是自住的話，600 萬元按揭欠款，估價 700 萬元，你也是沒有機會成本，還是繼續供款吧。

即使你賣出物業能套現 100 萬元，但之後由於要繼續租樓，100 萬元很快就會花光，所以你也是沒有選擇的。即使你明知樓價向下，賣樓後仍要租樓，每月租樓開支也要 20,000 元。如果不賣出物業，繼續供樓的話每月也是供 20,000 元，但其中起碼 8,000 元至 10,000 元是本金來的，起碼每月在儲錢。

當然這也要面對一個問題，就是儲錢的速度慢於樓價下跌的速度。簡單來說，你一年儲了 10 萬元，但樓價一年後就跌了 15 萬元，分分鐘未能儲錢之餘，還多輸了 5 萬元。

假如你同樣擁有價值 700 萬元的物業，但你僅欠銀行 100 萬元。當時你以 200 萬元買入，今日樓價已經升至 700 萬元，沽出可套現 600 萬元現金的話，我建議你盡快賣樓。因為 600 萬元就是機會成本，你只要隨便買個 3 厘的 iBond，每年就可以收取 18 萬元利息，每月 15,000 元。

如果繼續持有價值 700 萬元的物業，所得的每月淨收入一定沒有 15,000 元。而收息靈活性也較高，因為物業很難馬上離場，這個本金可以用來買流動性較高的資產，例如公用股和內銀股這些相對安全的板塊。坐擁 6 厘息時，就相當於持有物業的兩倍利息了。

另一方面，持有價值 2,000 萬元至 3,000 萬元物業的人「走得摩冇鼻哥」，盡快走吧！因為我在上文中所說，樓市爆煲由頂層開始。今日極頂層的仍未出事，是因為對他們來說錢並不是錢，不值得我們參考。

這些人的資金來源是做生意，賺來的都是輕鬆錢。對他們來說上新聞是光環來的，像競投車牌一樣。他們會以 2,600 萬元投個「W」車牌，並不是有甚麼紀念價值，而且不能轉

手。然而他們的心態，就是以 2,600 萬元買一個車牌後成為新聞。

————————————————————

這些人拿著這宗新聞做生意，比銀行的信用狀更有用。單是這宗 2,600 萬元競投車牌的新聞，有可能已可以幫他做到 2 億元的生意了。只要他在這宗生意可以賺到三至四成，已經蓋過他競投車牌的成本了。

至於持有樓價 2,000 萬元至 3,000 萬元那些業主，則開始視錢為錢了，我再次奉勸這些人一句：盡早賣樓。

每當實體經濟出現問題的時候，這批業主會靜悄悄找仲量聯行和戴德梁行「不問價」沽貨。這些人很多都是上市公司的老闆，並且是個人財政狀況出現問題，有需要處理自己的資產，而非公司經營有甚麼問題。

情況是這樣的，比如說有個上市公司主席因有金錢上的需要，拿了公司股份去抵押予金利豐，並貸款 2 億元，月息 1.5 厘，年息 18 厘以上。這 2 億元的貸款，每月要支付的利息是 300 萬元，而他唯一資產就是一層 3,000 萬元的物業，並做了五成按揭。

如果他無力應付還款，那出售物業至少可以應付數個月的利息。

因為這個上市公司主席急需用錢，物業要快速沽貨自然要低價出售。可是如果這樣低價出售是透過美聯或中原放盤，那就等於「貼街招」並上載田土廳，傳媒就會知道業主是上市公司主席。變成新聞後，就會成為大事了！新聞會報道上市公司主席兼大股東周轉不靈，賤價賣樓。公司的股價馬上就會大跌，觸及金利豐的孖展，加快死亡速度。

　　因此這類型的買賣通常會靜悄悄尋找持有地產牌照的中介行，如仲量聯行、第一太平及萊坊等賣樓，而這些中介就會致電目標買家說：「Ken，有筍盤提供，但不能說賣家是誰。低水三成，只告訴你一個！」

　　因為這種買賣是一對一的，中介行會逐個致電潛在買家。一個接著一個，而不是以「貼街招」的形式尋找買家。

　　雖然這些物業是靜悄悄沽，不過最終銀行仍是會知道這宗交易，之後就會發生上文數次提及的惡性循環，導致屋苑或相似類型的單位估價下跌。

結論

最後，雖然書中總結了樓市將會爆煲的十大原因，但其實我還有另外十大原因可以繼續數下去，不過相信大家都被我嚇怕了。另外我亦有十個樓市「跌極有限」的論點，往後可以再研究一下。

然而假如樓市果真大跌，我們可以做甚麼準備？這就是看前瞻性。所有專業且成功的投資者，都會對未來資產價格作出估算。猜對你就贏，猜錯你就輸。不過在現實情況，其實沒有輸的可能性。最多就像過去一段周期，因為猜錯而沒有入市，走漏樓市上升周期，只是沒有贏而已。

我認為現時金錢的機會成本，是在港股跌穿 18,000 點的時候。我們常說，四年一次股災，這個就是身家倍發的年代。如果在 18,000 點、17,000 點、16,000 點，將「坐」著物業的資金「坐」到阿里或騰訊的話，就當自己是做了物業投資，「坐」個三年當作是等 SSD 完結，直到下一個升浪的頂位。

我常說，投資不難，一切都是選擇，而選擇的前提就是要有機會成本，以上就是我的分析。

Rich 027

作者： 呂宇健

編輯： 藍天圖書編輯組

設計： 4res

出版： 紅出版（青森文化）

地址：香港灣仔道133號卓凌中心11樓

出版計劃查詢電話：(852) 2540 7517

電郵：editor@red-publish.com

網址：http://www.red-publish.com

香港總經銷： 聯合新零售（香港）有限公司

出版日期： 2023年2月

圖書分類： 投資／地產

ISBN： 978-988-8822-42-3

定價： 港幣108元正